AF331598

LAXATIFS-PLOMBIÈRES

Plombières

-les-

Bains

(Vosges)

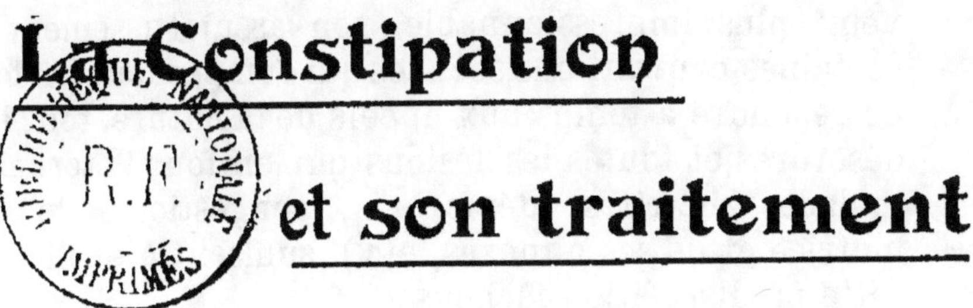

La Constipation
et son traitement

par les

LAXATIFS-PLOMBIÈRES

La **CONSTIPATION** est caractérisée par la rétention et l'accumulation des matières fécales dans le gros intestin. Très fréquente à notre époque où le surmenage nerveux intensif, la sédentarité, la mauvaise hygiène, l'abus de l'alimentation carnée, sont autant de conditions défavorables au bon fonctionnement des voies digestives, elle engendre dans l'économie une série de pertubations fâcheuses et peut avoir pour la santé générale les conséquences les plus graves.

Elle n'épargne aucun âge de la vie. Si elle s'observe plus souvent chez le vieillard par suite de la diminution de la tonicité des muscles intestinaux, ni les enfants, ni les adultes ne sont exempts de cette pénible infirmité. La femme surtout lui paie un lourd tribut. Ses habitudes sédentaires, son système nerveux plus impressionnable, son assujettissement à certaines conventions sociales qui l'empêchent parfois de répondre à temps aux appels de la nature, tous les désordres et toutes les lésions qui en font l'éternelle malade (métrites, déviations, congestions de la matrice et de ses annexes, etc,), suffisent à expliquer cette prédisposition fâcheuse.

Quelquefois des obstacles mécaniques (brides intestinales, tumeurs abdominales, par exemple), sont la cause première de la constipation et, dans ce cas, évidemment, le traitement doit avant tout s'appliquer à cette cause,

Le plus souvent il faut rechercher l'origine de ce trouble dans **l'atonie intestinale.** Les fibres musculaires de l'organe ne sont plus assez puissantes pour **assurer les mouvements** péristaltiques nécessaires à l'expulsion du bol fécal. En même temps, les sécrétions glandulaires de l'intestin deviennent insuffisantes pour délayer les matières et faciliter leur glissement.

Le même effet s'observe lorsqu'il y a insuffisance du fonctionnement des glandes annexes du tube digestif, foie et pancréas, c'est-à-dire lorsque la bile et le suc pancréatique ne sont plus sécrétés en quantité assez abondante et que l'écoulement de ces liquides diminue dans l'intestin.

Parfois aussi les fibres musculaires de l'intestin sont en état de spasme ou de contracture et immobilisent les matières au lieu de provoquer leur expulsion. Cette sorte de constipation par **spasme** est même assez fréquente.

La constipation n'est pas toujours **complète** et totale. C'est ce qui explique que beaucoup de sujets restent livrés à une sécurité trompeuse et ignorent leur mal, qui ne se révèle à eux que lorsqu'il s'aggrave et qu'il est déjà bien tard pour en prévenir les accidents. A côté de la constipation totale, il existe, en effet, beaucoup d'autres formes bien décrites par Lasègue.

C'est ainsi que les garde-robes peuvent sembler normales ; mais elles ne sont pas assez fréquentes et n'apparaissent que tous les deux ou trois jours (**Constipation horaire**). D'autres fois, il y a une selle, ou même deux par vingt-quatre heures ; mais elles sont trop peu abondantes et l'intestin n'est jamais libéré complètement (**Constipation quantitative**). Enfin, dans un troisième cas, les garde-robes sont sèches, fragmentées, semblables à des billes. quelquefois aussi minces et comme laminées (**Constipation qualitative**). La dureté, la fragmentation des matières indiquent un état pathologique de l'intestin qui sécrète trop peu abondamment ; leur forme rétrécie et laminée est un signe de constipation spasmodique.

Quoi qu'il en soit, toutes ces modalités aboutissent à la constipation totale, et il importe d'être prévenu de leur existence, car elles sont trop souvent méconnues.

Sachons bien aussi que certaines débâcles diarrhéiques peuvent masquer la constipation Dans ces cas, l'intestin, irrité par la présence des matières, réagit par une sécrétion exagérée de ses glandes et expulse son contenu délayé par le liquide ainsi produit.

Le début de la constipation est généralement lent et insidieux. Les malades continuent leur vie normale et peuvent présenter longtemps toutes les apparences de la parfaite santé. Mais peu à peu, ils éprouvent des malaises qu'ils ne rapportent pas toujours à leur véritable cause. L'appétit diminue ou disparaît ; les digestions deviennent lentes, pénibles, parfois même douloureuses ; elles s'accompagnent de renvois, de régurgitations ; la langue est chargée, la bouche amère, l'haleine fétide. Les sujets éprouvent des pesanteurs, des balonnements du ventre, quelquefois des douleurs localisées en certains points du gros intestin. Ces douleurs peuvent s'irradier dans les reins, dans les membres inférieurs. La gêne circulatoire qui résulte de la stase fécale se traduit souvent par des **hémorrhoïdes** internes ou externes, ou par des congestions des organes abdominaux fréquentes surtout chez la femme.

Le système nerveux ne tarde pas à subir le contrecoup de tous ces malaises. Alors surviennent des douleurs vagues, des palpitations, de l'oppression, des maux de tête, de l'inaptitude au travail, des cauchemars, des modifications du caractère qui peuvent aller jusqu'à l'**hypocondrie** ou à la **Neurasthénie**.

D'autre part, l'organisme ne tarde pas à être infecté par une véritable accumulation de poisons. Le gros intestin renferme, en effet, même à l'état normal, une telle quantité de microbes, que Metchnikoff attribue à cet organe le rôle principal de la production des misères humaines, ainsi que les modifications physiologiques qui caractérisent la vieillesse et conduisent l'homme à la mort bien longtemps avant la date fixée par la résistance de son organisme. Aussi certains savants ont-ils pensé sérieusement à la possibilité de nous débarrasser de cet hôte dangereux.

Lorsque les matières fécales sont retenues dans

l'intestin, on s'imagine facilement combien les microbes si variés et si nombreux de la flore intestinale, doivent s'y multiplier. Les produits toxiques qu'ils fabriquent sont résorbés et vont empoisonner tous les tissus, et le résultat de cette **auto-intoxication** ne se fait pas attendre. La nutrition générale devient mauvais ; l'amaigrissement apparaît et fait chaque jour des progrès ; la peau est terne, terreuse ; parfois même il y a des poussées fébriles.

N'oublions pas de mentionner aussi parmi les complications possibles de la constipation, deux maladies très fréquentes de nos jours : l'**Entéro-colite muco-membraneuse** et l'**Appendicite**.

* * *

On voit par cet exposé, combien il importe d'éviter la constipation et combien il est dangereux de laisser par négligence, s'installer dans l'économie ce « véritable fléau ».

Bien des moyens ont été proposés pour exonérer l'intestin. Mais ces moyens, tels que la plupart des purgatifs, s'ils ont un bon effet transitoire, ne tardent pas à présenter de nombreux inconvénients. Outre qu'ils fatiguent beaucoup le malade, ils irritent l'intestin, n'agissent plus au bout de quelque temps, et même aggravent les malaises qu'ils sont appelés à combattre.

Il s'agit donc de trouver un laxatif doux, non irritant, qui ait non seulement pour effet de faciliter momentanément l'évacuation des matières, mais qui régularise les fonctions intestinales et finisse par avoir un effet curatif.

Les **LAXATIFS - PLOMBIÈRES** en comprimés savonneux, cachets ou poudre, judicieusement composés de principes végétaux, répondent à toutes ces indications Bien tolérés par l'estomac. ils accélèrent les mouvements péristaltiques de l'intestin. facilitent les sécrétions des glandes intestinales, hépatique et pancréatique, en un mot, luttent contre tous les facteurs de la constipation. Ils renferment en outre des substances calmantes, inoffensives, dont l'effet est de modérer les spasmes intestinaux et de prévenir les douleurs. Aussi purgent-ils sans coliques, et leur emploi, même prolongé, est d'une innocuité absolue dans toutes les formes de la constipation.

Ajoutons que leur usage améliore les fonctions de l'intestin et finit par procurer des selles normales. Ils permettent, au bout de quelque temps, aux personnes qui les ont adoptés d'abandonner tout médicament laxatif et d'être délivrées de cette pénible obsession.

Les **LAXATIFS-PLOMBIÈRES** réalisent donc un progrés réel dans la thérapeutique intestinale. On peut, suivant les préférences, ou mieux en alternant, les employer sous leur trois formes de **Comprimés savonneux laxatifs, Cachets laxatifs, Poudre laxative.**

MODE D'EMPLOI
(SAUF AVIS CONTRAIRE DU MÉDECIN)

Laxatifs-Plombières. — *Poudre.* — Une cuillerée a café dans un peu d'eau le soir au coucher où le matin au lever. Augmenter ou diminuer la dose selon l'effet produit.

Laxatifs-Plombières. — *Comprimés savonneux.* — Un comprimé au repas du soir dans eau, vin, potage, ou le matin au petit déjeûner — Prendre deux ou trois comprimes si c'est nécessaire.

Laxatifs-Plombières. — *Cachets.* — Même mode d emploi. un ou deux le matin ou le soir

PRIX :

Laxatifs-Plombières *(Poudre)*

Le flacon   2 fr 50,   franco   2 fr. 90

Laxatifs-Plombières *(Comprimés savouneux)*

Le flacon   2 fr. 50,   franco   2 fr. '75

Laxatifs-Plombières *(Cachets)*

Le flacon   2 fr. 50,   franco   2 fr. '75

S'assurer que ces produits portent les noms **REHN & JANOT** *et se méfier des flacons offerts au rabais.*

DÉPOT GÉNÉRAL

REHN & JANOT, Pharmaciens

à PLOMBIÈRES-LES-BAINS (Vosges)

On trouve en dépôt à la même pharmacie :

PASTILLES DIGESTIVES DE PLOMBIÈRES

La boîte . 2 fr. — La 1ț2 boîte : **1** fr.

BAINS NATURELS DE PLOMBIÈRES

(Chaque flacon représente un bain de 300 litres)

Prix du flacon . **3** fr.

Eaux minérales de Plombières

PROPRIÉTÉ DE L'ÉTAT

les plus radio-actives de France

(Expériences de CURIE, communication à l'Académie de Médecine)
(9 Mai 1904)
THERMALES ET HYPERTHERMALES de 12° à 74°

SOURCE ALLIOT

(découverte en 1680, froide)

Alcaline, Silicatée sodique

Cette eau d'une **pureté bactériologique** absolue, constitue **l'eau de régime** par excellence. On recommande d'en faire usage à l'exclusion de toute autre pendant le repas.

Elle est indiquée dans les affections de l'**Estomac** et de **l'intestin** (dyspepsies, entérites, entérocolites muco-membraneuse, appendicites, **diarrhées** chroniques, diarrhées de pays chauds).

La **légèreté** de sa **minéralisation** lui donne ces qualités de **digestibilité parfaite** et de **diffusibilité sans égale** qui la **caractérisent** ; son élimination facile la rend apte à **laver le rein** et à entraîner tous les déchets nuisibles de l'organisme, d'où son utilité dans les affections de **nature arthritique** (rhumatisme, goutte, gravelle, etc.).

MISE EN BOUTEILLES STÉRILISÉES

SOURCE DES DAMES

Alcaline, Silicatée sodique, Arsénicale

L'eau de cette source peut être employée de deux façons différentes : en boisson ou en applications externes.

En boisson, chauffée ou non, elle est recommandée dans toutes les affections de l'estomac et de l'intestin.

Ses applications externes sont très nombreuses ; très douces, très bien tolérées par les muqueuses, elle peut être utilisée avec le plus grand succès dans les lavages intestinaux, **dans le cas ou ceux-ci sont conseillés par le médecin.** Aucun liquide, aucune solution médicamenteuse ne donne de meilleurs résultats.

Elle a aussi un emploi spécial dans les maladies des femmes et donne en bains de sièges d'excellents résultats contre les hémorroïdes.

MISES EN BOUTEILLES STÉRILISÉES

TARIF DU PRIX DES EAUX

La caisse de 50 bouteilles . . . . **30** fr.

—   30   . . . . **18** fr·

Prise en gare de Plombières.

En bonbonnes pour l'usage externe, le litre : **0** fr.**35**.

Bonbonne non facturée, prise en gare de Plombières.

Adresser les demandes d'eaux :

Soit à l'ADMINISTRATION DE LA COMPAGNIE DES THERMES, à Plombières.

Soit à MM. REHN & JANOT, Pharmacien à Plombiéress

Autres spécialités recommandées

de la Pharmacie REHN & JANOT

SUCRE D'ORGE PECTORAL DE PLOMBIÈRES

à la sève de pin des Vosges

Nouveau produit très agréable au goût contre **rhumes, bronchites, grippes, etc.**

La boite. **1 fr. 25,** *franco poste*. Toutes pharmacies.

Notice gratuite sur demande.

LOTION ET POMMADE CAPILLOGÈNE

pour les soins de la chevelure, sourcils, etc., très efficaces contre **pellicules, pelade, chute des cheveux, etc.**

Recommandées aux **dames** et **jeunes filles** qui désirent avoir et conserver une **chevelure brillante, souple et vigoureuse.**

Lotion, *flacon :* **4 fr. 50 ;** *par postal :* **5 fr. 35.**

Pommade, *pot :* **2 fr. 50,** *poste* **2 fr. 80**

Les deux franco : **7 fr. 85** — Toutes pharmacies.

Notice gratuite sur demande.

SUCRE D'ORGE DE PLOMBIÈRES

à l'eau Thermale

Délicieux bonbon, bien connu des gourmets. Constitue un **cadeau très apprécié**, pour fêtes, étrennes, etc.

Se vend en jolies boîtes et coffrets :

La boîte t **1 fr. 50** — *franco poste :* **1 fr. 90.**

Coffrets de : **2 fr. 50 à 5 fr.**, suivant dimensions.

Expédition des produits toute l'année.

Envoi franco à toute demande du Prix-Courant

des spécialités.

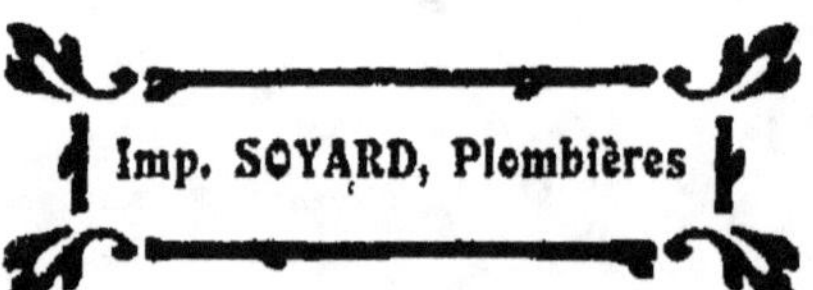

Imp. SOYARD, Plombières

www.ingramcontent.com/pod-product-compliance
Lightning Source LLC
LaVergne TN
LVHW021804030726
842523LV00003B/1208